BEI GRIN MACHT SICH IHR WISSEN BEZAHLT

- Wir veröffentlichen Ihre Hausarbeit, Bachelor- und Masterarbeit

- Ihr eigenes eBook und Buch - weltweit in allen wichtigen Shops

- Verdienen Sie an jedem Verkauf

Jetzt bei www.GRIN.com hochladen und kostenlos publizieren

Bernd S. Wolff

Metropolen der Dritten Welt: Dar es Salaam

GRIN Verlag

Bibliografische Information der Deutschen Nationalbibliothek:

Die Deutsche Bibliothek verzeichnet diese Publikation in der Deutschen National-
bibliografie; detaillierte bibliografische Daten sind im Internet über http://dnb.d-
nb.de/ abrufbar.

Impressum:

Copyright © 2001 GRIN Verlag GmbH
Druck und Bindung: Books on Demand GmbH, Norderstedt Germany
ISBN: 978-3-656-08981-0

Dieses Buch bei GRIN:

http://www.grin.com/de/e-book/8732/metropolen-der-dritten-welt-dar-es-salaam

GRIN - Your knowledge has value

Der GRIN Verlag publiziert seit 1998 wissenschaftliche Arbeiten von Studenten, Hochschullehrern und anderen Akademikern als eBook und gedrucktes Buch. Die Verlagswebsite www.grin.com ist die ideale Plattform zur Veröffentlichung von Hausarbeiten, Abschlussarbeiten, wissenschaftlichen Aufsätzen, Dissertationen und Fachbüchern.

Besuchen Sie uns im Internet:

http://www.grin.com/

http://www.facebook.com/grincom

http://www.twitter.com/grin_com

Metropolen der Dritten Welt: Dar es Salaam

von

Bernd S. Wolff

Institut für Geographie
Universität Stuttgart

Seminar zur Regionalen Geographie:

Metropolen der Dritten Welt

WS 2000/01

DAR ES SALAAM

Bernd Sebastian Wolff

Studiengang Diplomgeographie
7. Semester

Inhaltsverzeichnis

1   Inhaltsverzeichnis 3

2   Entwicklungstendenzen und ihre Erklärungen 4

   2.1   Basisdaten zu Tansania (aus ÖFSE) 4

   2.2   Die Entwicklung von Dar es Salaam 5

3   Allgemeine Entwicklungen / Tendenzen 8

4   Bevölkerungsstruktur 9

5   Sozialstruktur 10

6   Wirtschaftsstruktur 11

7   Wohnungsangebot 12

8   Verkehr 12

9   Innerstädtische Disparitäten 13

10   Umweltbelastungen 13

11   Fazit 14

12   Literatur 15

1 Entwicklungstendenzen und ihre Erklärungen

1.1 Basisdaten zu Tansania (aus ÖFSE)[1]

Die Fläche Tansania beträgt insgesamt 945087 km² und ist damit über 2,5 mal größer als Deutschland. Auf das Festland von Tanganyika entfallen 942626 km² der Gesamtfläche, auf die Dar es Salaam vorgelagerte Insel Sansibar 2461 km².

Die Bevölkerung betrug 1997 etwa 31 Mio. Über das Bevölkerungswachstum liegen oft nur mehr oder weniger genauer Schätzungen vor, da erstens die letzte Volkszählung 1988 stattfand und zweitens die Bevölkerungsentwicklung weitaus dynamischer verläuft als z.b. in europäischen Ländern. Offiziell wuchs die Bevölkerung 1998 mit einer Rate von 2,9%. Der Durchschnitt von 1991bis 1997 wird ebenfalls mit 2,9% angegeben; andere Schätzungen liegen bei bis zu 3,8%)

Die Bevölkerungsdichte beträgt für Tansania insgesamt etwa 34 Einwohner/km², für Tanganyika 26,5 E/km² und Sansibar 269 E/km².

Staatssprachen sind Suaheli und Englisch; daneben existieren aber natürlich noch die Sprachen der anderen Nationalitäten.

Tanganyika wurde am 09.12.1961 (Independence Day) zur Commonwealth-Monarchie und erreichte 1962 die Unabhängigkeit als Republik. Sansibar wurde am 10.12.1963 unabhängig. Beide Staaten schlossen sich am 27.04.1964 zur Vereinigten Republik Tansania zusammen.

Staatsform: Föderative Präsidialrepublik

Hauptstadt: de jure Dodoma, de facto noch Dar es Salaam

1.2 Die Entwicklung von Dar es Salaam

Dar es Salaam liegt im Osten von Tansania, direkt am Indischen Ozean.

Die ostafrikanischen Küstenplätze unterlagen in der Vergangenheit zahlreichen Einflüssen anderer Kulturen, wobei sich grob die drei wichtigsten Zeitabschnitte wie folgt unterteilen lassen:[2]

- Die voreuropäische Zeit, von etwa Christi Geburt bis zur ersten Hälfte des 19. Jahrhunderts.
- Die Zeit der europäischen Vorherrschaft, vom 19. Jahrhundert bis kurz nach dem Zweiten Weltkrieg.
- Die Zeit der politischen Unabhängigkeit der jungen afrikanischen Staaten in der Gegenwart.

1.2.1 Die voreuropäische Zeit

Die ersten Siedlungen wurden von arabischen Seefahrern und Händlern gegründet. Diese Stützpunkte dienten nicht nur als Außenposten für die Heimatgebiete, sondern mit ihrem direkten Zugang zum Meer auch als Umschlagplätze von überseeischen Handelswaren (Stoffe, Schmiedewaren) und einheimischen afrikanischen Waren (Sklaven, Häute, Felle, Elfenbein). Solche Marktplätze (im ökonomischen Sinn) machten schützende Befestigungsmaßnahmen unumgänglich.

Gleichzeitig übte die geschützte Lage und die Bedeutung des Hafens für den überseeischen Handel schon damals eine Sogwirkung auf die afrikanische Bevölkerung der anliegenden Küstenregionen und des peripheren Hinterlandes aus.

"Zu beachten ist, daß die kulturellen, wirtschaftlichen und übrigen Einrichtungen allen Bewohnern dieser städtischen Niederlassungen und des Umlandes offenstanden und

---

[1] Daten aus ÖFSE - ÖSTERREICHISCHE FORSCHUNGSSTIFTUNG FÜR ENTWICKLUNGSHILFE (2000): S.8
[2] nach SCHNEIDER (1968): S.116

auch allen zugute kamen. Innerhalb des städtischen Bereiches gab es für die Araber keine besonderen Wohnviertel, da sie kein rassischen und sozialen Schranken kannten."[3]

Durch weitergehende Besiedlung des Raumes und durch Heirat mit den einheimischen Bantu-Frauen verbreitete sich die arabische Kultur weiter. Folglich entstand in den Städten eine Mischbevölkerung, die kaum noch Verbindungen zu ihrem Stammesursprung hatten und als Suaheli (Swahili) (arab. sahel = Küste) bezeichnet wurden. Ihre von den Arabern beeinflusste Sprache ist das Kisuaheli[4] (Kiswahili).

Da die Araber keine allzu große Neigung für das Geldwesen entwickelten, machten sich Hindu-Kaufleute aus Indien diesen Umstand zunutze, indem sie ihre Geschäfte nicht nur in das heutige Indonesien, sondern auch nach Westen, in den arabischen Machtbereich ausdehnten. Dabei traten sie nicht als Eroberer auf, sondern tätigten lediglich Geschäfte mit der arabischen Oberschicht, wie z.B. die Ausrüstung von Karawanen oder die Finanzierung von Handelsunternehmungen nach Süd- und Ostasien.

"Von siedlungsgeographischer Bedeutung ist der Umstand, daß die gesamte indische Bevölkerung nun den dringenden Wunsch hatte, im Lande seßhaft zu werden und ihren Nachkommen eine neue Heimat zu schaffen. Neue städtische Niederlassungen wurden nicht gegründet, sondern die bestehenden größeren Insel- und Küstensiedlungen Ostafrikas, besonders die Stadt Zanzibar, als Wohnort und Arbeitsplatz gewählt."[5]

Die Gründung von Dar es Salaam fiel mit der Errichtung einer Residenz und eines Handelsplatzes zusammen, die der Sultan von Sansibar - Sayid Majid - 1862 am gegenüberliegenden Festland erbauen ließ. Das bereits existierende Fischerdorf Mzizima lag nördlich des heutigen Stadtkerns. Der Anspruch der neugegründeten Stadt hinsichtlich ihrer (erwarteten) Bedeutung zeigt sich schon in ihrem Namen: Dar es Salaam bedeutet soviel wie "Hafen des Friedens".

---

[3] SCHNEIDER (1968): S. 117
[4] vgl. SCHNEIDER (1968): S. 117
[5] SCHNEIDER (1968): S. 117

Nach dem Tod des Sultans 1870 verlor die neugegründete Stadt unter seinem Nachfolger zunächst wieder an Bedeutung, 1890 bestand die ehemalige Stadt lediglich aus einfachen Hütten und zählte nur noch etwa 3000 Einwohner.

1.2.2 Die Zeit der deutsche Kolonialmacht

1887 wurde das unter dem neuen Sultan vernachlässigte Dar es Salaam von der deutschen Kolonialmacht "entdeckt". Zunächst fungierte Dar es Salaam als Militärstation und Sitz der Deutsch-Ostafrikanischen Gesellschaft, bevor es 1891 zur Hauptstadt der Kolonie erhoben wurde.

Nachdem 1888 der Küstenstreifen mit Zustandekommen des sogenannten Küstenvertrages unter deutsche Administration gestellt wurde, kam es wenig später zu Aufständen der Einheimischen gegen die Kolonialgesellschaft und Dar es Salaam wurde durch eine von der deutschen Regierung eingesetze "Schutztruppe für Deutsch-Ostafrika" besetzt. Schließlich gingen die Hoheitsrechte von der Deutsch-Ostafrikanischen Gesellschaft an das Deutsche Reich über und der Küstenstreifen bekam den Status einer Kronkolonie.

Die Stadtentwicklung unter deutscher Kolonialherrschaft war wesentlich durch die Bedeutung Dar es Salaams als politisch-administratives Verwaltungszentrum beeinflußt und wies somit überwiegend Bautätigkeit für staatliche, öffentliche und - vereinzelt - für die privaten Gebäude der Kolonialherren auf. Planerische Entwicklung und Unterstützung in der Errichtung von Wohnungen in anderen Stadtteilen waren nicht zu verzeichnen. Allerdings wurde versucht, die hygienischen Bedingungen zu verbessern. Unter anderem wurden zu diesem Zweck auch Krankenhäuser gebaut.

Erst später gewannen wirtschaftliche Gesichtspunkte in der Stadtentwicklung an Bedeutung. Nach dem Jahrhundertwechsel begannen die ökonomischen Vorteile der Kolonien allgemein, insbesondere der Reichtum an Rohstoffen, in den Vordergrund zu treten. Auch Dar es Salaam erfuhr einen Bedeutungszuwachs durch den Ausbau des Hafens und die Errichtung von Eisenbahntrassen ins Landesinnere.

Die deutsche Kolonialzeit wurde durch den Ersten Weltkrieg beendet.[6]

1.2.3 Die britische Mandatszeit

1922 übernahmen die Briten das Mandat über das Tanganyika Territory. Dar es Salaam behielt seine Bedeutung als Handelsplatz und administratives Zentrum. Nach dem verlorenen Krieg verließen viele Deutsche ihre ehemalige Kolonie. Damit einher ging ein Anstieg der indischen Bevölkerung, die durch ihre finanziellen Möglichkeiten ehemals deutsches Eigentum erworben. Die Geschäftsviertel wurden wie auch der Hafen und die Ausfallstraßen ins Binnenland ausgebaut und verhalfen damit Dar es Salaam zum nächsten großen Aufschwung.

Die Briten bestimmten lediglich den Verwaltungs- und Regierungsdienst und die kulturellen Einrichtungen der Missionen. Ihre Wohnsitze suchten sie im klimatisch begünstigten Küstenstreifen nördlich des Verwaltungsquartiers.

Das Bevölkerungswachstum wurde vor allem von Zuwanderern indischer Herkunft getragen, weniger von afrikanischen Migranten.

2 Allgemeine Entwicklungen / Tendenzen

Obwohl die Siedlungsstruktur Afrikas noch weitestgehend ländlich geprägt ist, weisen die afrikanischen Metropolen trotzdem weltweit mit die höchsten Wachstumsraten der Bevölkerung auf.

Die Ursache sind im wesentlichen die bestehenden und sich verschärfenden räumlichen Disparitäten, welche die Marginalisierung großer Teile der Bevölkerung verstärken und häufig Land-Stadt-Wanderungen auslösen.[7]
Die Verstädterungsraten sind dementsprechend hoch, spiegeln aber nicht die hohe wirtschaftliche Dynamik wider wie beispielsweise europäische Städte zur Zeit der Industrialisierung.

---

[6] vgl. BECHER (1997): S.27-58

3 Bevölkerungsstruktur

Dar es Salaam ist mit Abstand die größte Stadt Tansanias und kann als Primatstadt bezeichnet werden. Die Stadtentwicklung Dar es Salaams wird wesentlich bestimmt von dem starken Bevölkerungswachstum.

Schon in kolonialer Zeit nahm die Bevölkerung deutlich zu, obwohl vor allem die Siedlungspolitik der Briten oftmals sehr restriktiv war und die Ausdehnung des Stadtgebietes erschwerte und verlangsamte. Mit der Unabhängigkeit Tansanias stieg aber die Bevölkerungsentwicklung Dar es Salaams explosionsartig an (➔ Tabelle 1).

Jahr	Bevölkerung
1884	~ 10.000
1898	13.260
1913	22.500
1957	129.000
1967	273.000
1978	782.000
1988	1.360.850

Tabelle 1: Bevölkerungsentwicklung in Dar es Salaam[8]

Ein Ende dieser Entwicklung ist vorerst nicht absehbar. Bei konstanten Verstädterungsraten von circa 8% verdoppelt sich die Stadtbevölkerung etwa alle 9 Jahre.

Obwohl Dar es Salaam nicht mehr die (offizielle) Hauptstadt Tansanias ist, besteht selbst nach der Verlagerung des Hauptstadtstatus nach Dodoma die überragende Bedeutung der Primatstadt Dar es Salaam weiter. Das wird sich in absehbarer Zukunft auch nicht

---

[7] vgl. hierzu GAEBE (1994): S. 570
[8] Datenquellen: bis einschl. 1967 aus KOMBE (1992): S. 99; von 1978 aus SHEUYA (1992): S.78; von 1988 Volkszählung

ändern. Die Pull-Faktoren, die von Dar es Salaam ausgehen, verstärken die starken räumlichen Disparitäten nur noch und können nicht durch fragwürdige, oftmals korrumpierte, nicht selten verzweifelt erscheinende politisch-administrative Entscheidungen abgeschwächt werden.

4 Sozialstruktur

Tansania war eines der Länder Afrikas, in denen sozialistische Entwicklungsmodelle angewandt wurden, um im wirtschaftlichen wie sozialen Bereich nach dem primären Ziel der Gerechtigkeit zu streben.

Aus diesem Grund fällt heute eine Trennung in "klassische" soziale Schichten nicht leicht. Wenn auch die sozialen Disparitäten unübersehbar eine Einteilung in "arm" und "reich" zulassen, ist der Bereich "dazwischen" längst nicht so deutlich ausgeprägt. Ein klassische Mittelschicht wie z.b. in Europa, die sich vorwiegend aus Arbeitern zusammensetzt, gibt es nicht. Die tansanische Mittelschicht, so es sie gibt, besteht höchstens aus höherrangigen Beamten.

Während in europäischen Ländern klassischerweise die Mittelschicht die größte Bevölkerungsgruppe darstellt, ist es in Tansania die Unterschicht. Auf die afrikanischen Großstädte wie Dar es Salaam bezogen spricht man auch von den "urban poor".

In der Vergangenheit waren es meist die Männer, die nach Dar es Salaam zogen. Der Großteil der Land-Stadt-Wanderungen entstanden aus dem Antrieb heraus, in der Hauptstadt möglichst viel Geld zu verdienen, um nach gewisser Zeit wieder in die ländlichen Gebiete zurückzukehren. Die Familie blieb üblicherweise in den ländlichen Gebieten zurück.

Folge dieser Entwicklung war zunächst ein deutlicher Männerüberschuß in Dar es Salaam, ausgedrückt durch die Geschlechterproportion.

Als sich für viele Männer der Traum vom schnellen Reichtum und von der Rückkehr aufs Land nicht erfüllte, verlagerten sie ihren Wohnsitz vollständig in die Hauptstadt. Durch die dortige "Seßhaftwerdung", den Nachzug oder eine Neugründung einer Familie nahm mit der Zeit die Geschlechterproportion ab und der Männerüberhang ging - relativ gesehen - zurück (➔ Tabelle 2).

Jahr	Verhältnis m / w
1948	141
1957	131
1967	123
1978	115

Tabelle 2: Geschlechterproportion in Dar es Salaam[9]

Schon Ende der 60er Jahre zeichnete sich in Dar es Salaam ein Übergang von ethnischer zu sozialer Segregation ab. Dabei verliert die Herkunft bei der Wahl des Wohnortes an Bedeutung. Wichtiger werden andere soziale Faktoren.

SCHNEIDER (1968) merkt dazu an: "Die Zugehörigkeit zu einer ethnischen Gruppe nebst ihren Anschauungen und Gewohnheiten wirkt längst nicht mehr als raumordnendes Prinzip, sondern das städtische Sozialgefüge wird wie in Europa von der Höhe des wirtschaftlichen Einkommens und der Bildung als weiteren, immer stärker werdenden Einordnungsprinzipien bestimmt"[10]

5 Wirtschaftsstruktur

Dem informellen Sektor kommt in Dar es Salaam - wie fast allen afrikanischen Großstädten - eine herausragende Bedeutung zu.

Der informelle Sektor "übernimmt" die Aufgaben, die der formelle Sektor nicht erfüllen kann (oder will). Neben Waren des täglichen Bedarfs, allenvoran die Lebensmittel, produzieren und verkaufen die Arbeiter des informellen Sektors auch Schmuck,

---

[9] Daten aus SPORREK (1985): S. 23

11

Ziergegenstände, einfache Dienstleistungen oder ähnliches. Typisch dabei ist, daß für die Gütererstellung vor allem auf "lokale Ressourcen" zurückgegriffen wird, wobei dieser Begriff sehr dehnbar ist und auch Abfall oder Müll nicht ausschließt. Euphemistisch ausgedrückt könnte man auch von "Recycling" sprechen.

Unbestritten ist allerdings die Notwendigkeit im Hinblick auf die lokale Versorgung mit Gütern. Deswegen wird heutzutage der informelle Sektor nicht wie früher bekämpft, sondern stillschweigend toleriert (wenn auch nicht explizit gefördert).

6 Wohnungsangebot

Hüttensiedlungen machen den Großteil der Unterkünfte, vor allem der ärmeren Bevölkerung, aus. Dabei werden wegen des starken Stadtwachstums und des damit verbundenen Bevölkerungsdrucks auch Areale in Beschlag genommen, die als Wohnland nicht ausgewiesen oder geeignet sind. Die semilegalen und illegalen Siedlungen sind in ihrer Existenz nicht nur durch administrative Eingriffe gefährdet.
Werden die Siedlungen auf den sogenannten "hazard lands" (Hochwassergebiete) erbaut, droht die Zerstörung durch Überschwemmungen bei einem Anstieg der periodischen / episodischen Flüsse.

7 Verkehr

Dar es Salaam ist eine in den letzten Jahren überdurchschnittlich stark gewachsene Stadt. Zu den größten mit dem Bevölkerungswachstum einhergehenden Problemen zählt der Verkehr.
Öffentlicher Verkehr existiert praktisch nicht, eine U-Bahn oder ein flächendeckendes Bus- oder Bahnnetz sind nicht nur wegen fehlenden finanziellen Mitteln nicht realisierbar.

Die Folge ist, daß praktisch der gesamte Verkehr privatwirtschaftlich realisiert wird. Das bedeutet vor allem motorisierter Individualverkehr oder Sammeltaxis. Die Fahrtrouten der Sammeltaxis richten sich dabei (weitgehend) nach den Wünschen der Fahrgäste. Die

---

[10] SCHNEIDER (1968): S.126

Fahrten sind erschwinglich, wenngleich nicht ganz ungefährlich, da die Fahrer ihren Umsatz maximieren möchten und dementsprechend schnell unterwegs sind.

8 Innerstädtische Disparitäten

Historisch bedingt war und ist Dar es Salaam multikulturell, wobei als die bedeutendsten ethnischen Gruppen die autochtone afrikanische Bevölkerung, Europäer (v.a. Deutsche und Engländer), Araber und Inder zu nennen sind.

Die ersten Segregationsprozesse gingen zuerst von der britischen Kolonialmacht aus, die die innerstädtischen Gunsträume (mikroklimatische Besonderheiten) für sich beanspruchten. Vorher waren die einzelnen ethnischen Viertel nicht klar getrennt, da es fließende Übergänge gab.

Der Stadtentwicklungsplan von 1948 sah die Aufteilung der Siedlungsfläche in Zonen unterschiedlicher Dichte vor, die sogenannten low-, medium- und high-density areas. Die Verwendung von Baumaterialien mit unterschiedlicher Qualität – die abhängig von der jeweiligen Dichte des Siedlungsgebietes war – legte damit faktisch die Grundlage für fortschreitende innerstädtische Disparitäten. Auch wenn damit eine soziale und keine ethnische Segregierung beabsichtigt war, begünstigte die Einkommens- und Vermögensverteilung trotzdem letztere.

9 Umweltbelastungen

Die Auswirkungen der ungesteuerten Entwicklung der Siedlungstätigkeit auf die Umwelt sind nicht zu unterschätzen.

Der innerstädtische Verkehr bringt ebenfalls Umweltbelastungen mit sich. Die Autos und Busse sind oft über 20 Jahre alt und daher nicht auf dem aktuellen, für Industrieländer typischen Umweltstandard, der Mittel umfaßt wie Katalysator, schwefelfreies Benzin oder rußvermindernder Dieselkraftstoff.

Die relativ engen Straßen, die Bevölkerungsdichte und natürlich das hohe Verkehrsaufkommen bewirken, daß sich Staus bilden, in denen die Belastung durch Abgase im Vergleich zu fließendem Verkehr überdurchschnittlich hoch ist.

Der unzureichende bzw. fehlende institutionelle und administrative Rahmen bedeutet eine mangelhafte Überwachung der Firmen. Umweltstandards, wenn überhaupt vorhanden, können auf diesem Wege leicht umgangen werden.

Die industrielle Produktion entzieht sich demnach weitestgehend der staatlichen Aufsicht. Die daraus resultierenden Umweltprobleme werden sich erwartungsgemäß in Zukunft eher noch verschlimmern als verbessern.

10 Fazit

Die zukünftigen Herausforderungen für Dar es Salaam sind vielfältig. Ein Ende der starken Land-Stadt-Wanderungen ist wegen der dominierenden Primatstadtstruktur Tansanias bis auf weiteres nicht abzusehen. Die hohe Bevölkerungsdichte hat negative Auswirkungen auf Verkehr, Umwelt sowie soziales und ethnisches Gefüge. Die wirtschaftlichen Möglichkeiten sind begrenzt; Tansania ist das zweitärmste Land der Welt. Das Bruttoinlandsprodukt liegt im einstelligen Milliardenbereich. Durch die Abhängigkeit von der Landwirtschaft und vom Export ist das BIP stärkeren Schwankungen unterworfen. Sozialistische Entwicklungsmodelle haben zu einer strukturellen Schwächung der Wirtschaft Tansanias geführt. Die politischen wie wirtschaftlichen Verkrustungen stellen für Tansania enorme Probleme dar, dazu kommen die o.g. Herausforderungen, die sich aus der Verstädterung ergeben.

11 Literatur

BECHER, J. (1997): Dar es Salaam, Tanga und Tabora. Stadtentwicklung in Tansania unter Deutscher Kolonialherrschaft (1885-1914). - Stuttgart.

GAEBE, W. (1994): Urbanisierung in Afrika. In: Geographische Rundschau 46 (1994) Heft 10, S. 570-576

KOMBE, W.J. (1992): Challenges of rapid Urbanisation in Tanzania. A Case of Dar-es-Salaam City. In: MAYER, J.F. [Hrsg.]: Future means City - do Cities have Future. - Loccumer Protokolle 64/91, S. 99-101 - Rehburg-Loccum

ÖFSE - ÖSTERREICHISCHE FORSCHUNGSSTIFTUNG FÜR ENTWICKLUNGSHILFE (2000): Länderprofil Tansania. - Wien

SCHNEIDER, K.-G. (1968): Dar es Salaam - Brennpunkt des politischen, wirtschaftlichen und sozialen Lebens in Tanzania. In: Nürnberger wirtschafts- und sozialgeographische Arbeiten - Ostafrikanische Studien Band 8, S. 116-128 - Nürnberg

SHEUYA, S.A. (1992): Professional Practice in rapidly changing socioeconomic Environments. A Case Study of Dar-es-Salaam. In: MAYER, J.F. [Hrsg.]: Future means City - do Cities have Future. - Loccumer Protokolle 64/91, S. 75-94 - Rehburg-Loccum

SPORREK, A. (1985): Food Marketing and Urban Growth in Dar es Salaam. In: Lund Studies in Geography. Ser. B. Human Geography No.51. - Lund

VORLAUFER, K. (1989): Tanzania und Kenia: "Sozialistische" und "kapitalistische" Entwicklungsmodelle für Afrika? In: Geographische Rundschau 41 (1989) Heft 11, S. 602-612